Ludovico Ofria

# Sustentabilidade ambiental através da biofiltração

**Ludovico Ofria**

# Sustentabilidade ambiental através da biofiltração

## Uma abordagem inovadora para a purificação da água utilizando bivalves

**ScienciaScripts**

# CONTEÚDO

# INTRODUÇÃO

Este livro trata da purificação de águas residuais e, em particular, tem como objetivo realçar as limitações da purificação clássica. Esta última, como é sabido, é efectuada em instalações especiais (Fig.1), onde o efluente, através de várias etapas, é separado das lamas, que constituem o resíduo do processo. Ao implementar este método, devem ser tidas em conta várias questões, incluindo os custos de construção e manutenção das instalações, os custos de pessoal, etc. Isto faz com que as instalações de lamas activadas não sejam acessíveis a todos os países do mundo. O impacto ecológico deste tipo de instalação também deve ser tido em conta, uma vez que implica a produção de lamas residuais em quantidades proporcionais à quantidade de metabolismo bacteriano, que por sua vez é proporcional à quantidade de material a depurar. Por conseguinte, pode dizer-se que um depurador de lamas activadas polui proporcionalmente à quantidade de lamas que depura.

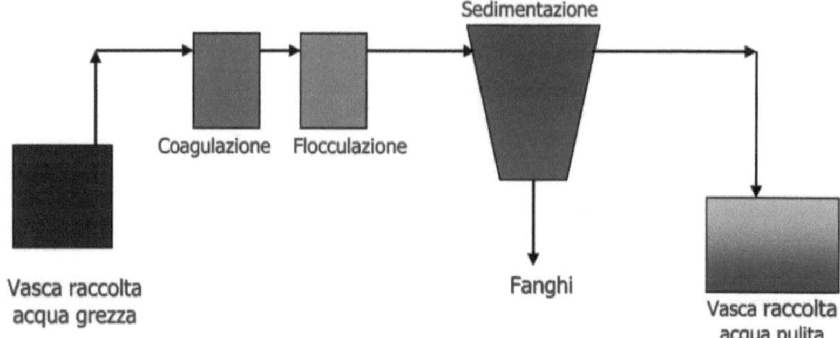


**FIGURA 1. Passagens numa instalação de depuração clássica.**

Tendo em conta as deficiências deste método de depuração, proponho neste trabalho alternativas compostas por sistemas de depuração integrados, capazes de substituir ou auxiliar o método das lamas activadas, aumentando a sua eficácia e reduzindo o seu impacto. Através destas novas perspectivas, podemos então atuar diretamente sobre as questões críticas acima enumeradas, tais como os custos e a poluição produzida. São também considerados novos problemas que podem surgir, como a introdução de espécies exóticas num novo habitat.

Por conseguinte, neste estudo, analisamos propostas de tratamento de águas residuais que envolvem a utilização de instalações de lamas activadas e de instalações de fito-purificação. Estas últimas incluem a utilização de moluscos bivalves para remover metais pesados e microalgas verdes para reduzir os níveis de poluentes. Em particular, estas estratégias de baixo custo e baixo impacto ambiental podem ser um fator de mudança para os países com dificuldades económicas (Fig. 2), dando-lhes a oportunidade de aumentar os recursos hídricos para a sua população e empresas, bem como de melhorar o saneamento geral. É incrível pensar nas oportunidades que estes métodos alternativos de purificação podem oferecer em locais como Adis Abeba, e como a utilização destas tecnologias pode melhorar a vida de toda uma comunidade em termos de saúde e economia, ajudando a reduzir as desigualdades entre Estados pertencentes a diferentes "mundos".

O livro está estruturado da seguinte forma. O primeiro capítulo faz uma breve revisão dos "esquemas tradicionais de recuperação de águas residuais"; o segundo analisa os chamados "métodos mais sustentáveis de tratamento de águas residuais", como a fitodepuração; o terceiro analisa a utilização de bivalves como método de purificação da água. Métodos mais sustentáveis de depuração das águas residuais", como a fitodepuração; o terceiro analisa a utilização de bivalves como método de depuração das águas; o quarto capítulo destaca as vantagens que se podem verificar no terreno com a utilização de sistemas integrados; por fim, as conclusões apresentam algumas reflexões sobre as possíveis vantagens que se podem obter, também em termos socioeconómicos, com a utilização de processos alternativos de depuração das águas residuais, em comparação com o método tradicional das "lamas activadas".

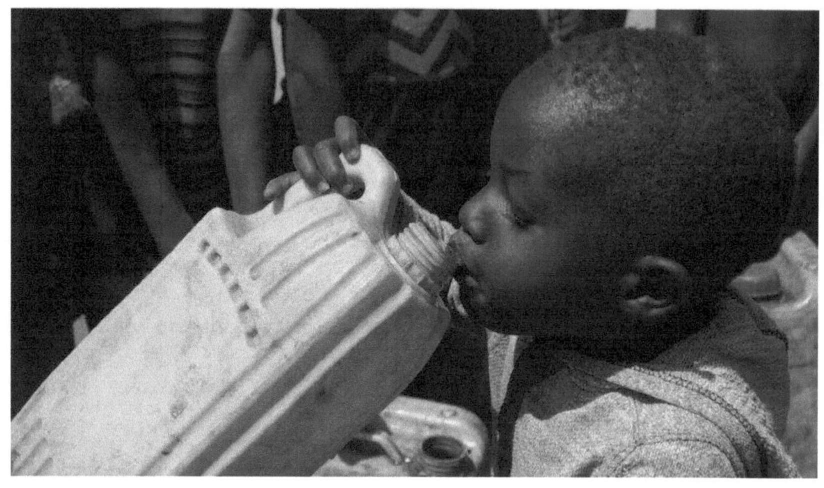

**FIGURA 2 Imagem ilustrativa das dificuldades em encontrar água potável em diferentes partes do mundo**

# CAPÍTULO 1

## O mundo dos resíduos

Neste capítulo, faremos uma breve revisão dos "sistemas tradicionais de recuperação de águas residuais", com base na literatura sobre o assunto (Taglialatela e Parolini, 2010; Sguoto, 2012).

O trabalho de Sguoto (2012) destaca a importância estratégica da reutilização da água através da purificação. Como é sabido, a água é um bem precioso e é nosso direito/dever preservá-la. Todo o tipo de atividade (agrícola, social e empresarial) a considera essencial (Cirelli e Marzo, 2014). A purificação da água tem sido considerada um procedimento fundamental na esfera económica há várias décadas (FIG. 1.1).

**FIGURA 1.1. Água corrente que usamos diariamente**

A reutilização da água reduz os custos de produção das empresas que a utilizam para refrigeração e lavagem. A reciclagem de água urbana, por outro lado, é economicamente relevante quando é utilizada para irrigação (Kalboussi *et al.*, 2022)

Tal como referido em D.L.gs 152/06, existem vários tipos de águas residuais:

1) Águas residuais domésticas, isto é, águas residuais de centros urbanos provenientes de descargas domésticas (L.L.gs 152/06, art. 74, c. 1, lett. g);

2) Águas residuais industriais, isto é, águas residuais de actividades de produção comercial ou industrial (L.L.gs. 152/06, Art. 74, c. 1, lett. h);

3) Águas residuais urbanas: são as águas residuais que vão compor o sistema de esgotos, sendo uma mistura de águas residuais domésticas e industriais (Decreto Legislativo 152/06, Art. 74, c. 1, lett. i);

Deve igualmente ser especificado que o presente decreto legislativo com o termo:

4) Por "resíduos líquidos" entende-se qualquer tipo de resíduo que não seja transportado através de uma rede de condução para o corpo do recetor.

5) Entende-se por "descarga" a descarga na rede de esgotos, no solo, no subsolo ou nas águas superficiais de uma determinada água residual,

independentemente do tipo de poluentes que contenha e de ter sido objeto de um tratamento de depuração prévio

Taglialatela e Parolini (2010), na sua investigação, esquematizaram os métodos de tratamento tradicionais para a recuperação de águas residuais. A avaliação do método de purificação depende da *avaliação do ciclo de vida;* que, considerando todo o processo de purificação, incluindo as fases de pré e pós-purificação, entre outros, avalia:

1) gasto energético

2) resíduos libertados no ambiente.

No que diz respeito ao efluente em si e não ao processo em que está envolvido, o Decreto Ministerial do Ministro do Ambiente e da Proteção do Território n.º 185, de 12 de junho de 2003, regula o destino a dar aos efluentes depurados em aplicação do artigo 26.º, n.º 2, do Decreto Legislativo de 11 de maio de 1999. Especificamente, contém as normas técnicas que estabelecem o destino a dar às águas residuais de natureza doméstica e industrial, fixando os padrões de qualidade exigidos para uma determinada reutilização, de forma a proteger qualitativa e quantitativamente a disponibilidade das águas superficiais e a disponibilidade das águas subterrâneas.

˜ De acordo com este Decreto (Art. 2), entende-se por:

a) recuperação: a melhoria das águas residuais, através de um tratamento de depuração adequado, a fim de as tornar aptas a serem distribuídas para reutilizações específicas;

b) estação de recuperação: as instalações destinadas ao tratamento de depuração referido na alínea

c) incluindo quaisquer instalações para a equalização e armazenagem das águas residuais recuperadas na estação, antes da sua descarga na rede de distribuição a), Reutilização: a utilização de águas residuais recuperadas de uma qualidade específica para um fim específico, através de uma rede de distribuição, em substituição parcial ou total de águas superficiais ou subterrâneas.

De acordo com o artigo 3.º do decreto acima referido, as utilizações permitidas das águas residuais recuperadas são as seguintes

a)      irrigação: para a irrigação de culturas destinadas tanto à produção de alimentos para consumo humano e animal como para fins não alimentares, bem como para a irrigação de áreas destinadas a espaços verdes ou a actividades recreativas ou desportivas;

b)      civil: para a lavagem de ruas em centros urbanos; para a alimentação de sistemas de aquecimento ou arrefecimento; para a alimentação de redes de adução dupla, separadas das redes de água potável, com exclusão da utilização direta dessa água em edifícios para uso civil, com exceção dos sistemas de drenagem em casas de banho;

c)       industriais: como água de combate a incêndios, água de processo, água de lavagem e para os ciclos térmicos de processos industriais, com a exclusão de utilizações que envolvam o contacto entre as águas residuais recuperadas e produtos alimentares ou farmacêuticos e cosméticos.

Como é sabido, o método das lamas activadas baseia-se em mecanismos biológicos. A população bacteriana, que se alimenta dos poluentes presentes nas águas residuais ainda não tratadas, cresce através do contacto com o efluente. Os flóculos, ou seja, as colónias de bactérias, utilizam os poluentes como fonte de nutrição para os seus próprios processos metabólicos e de crescimento. O contacto entre os flóculos e o efluente determina o ponto focal da depuração, onde é ativado o metabolismo bacteriano, que transforma os poluentes, produzindo lamas gelatinosas e efluente depurado (FIGURA 1.2). Posteriormente, as duas entidades são separadas por centrifugação em tanques de decantação.

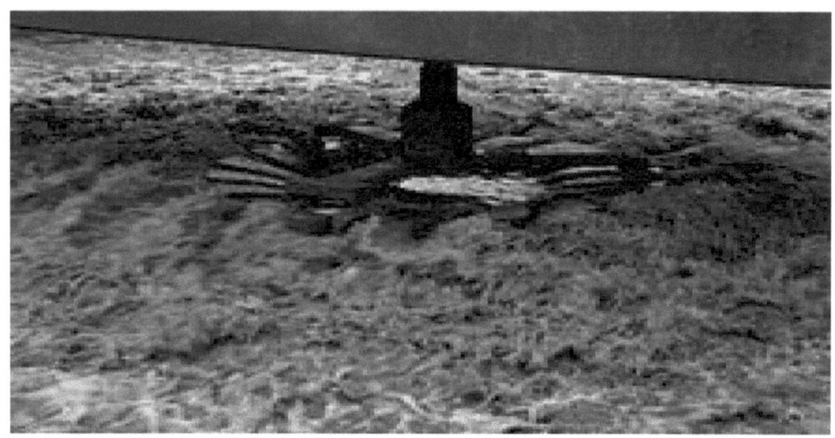

**FIGURA 1.2. Reator biológico, fase de centrifugação**

Seguindo Sguoto (2012, pp. 7-12), os processos realizados pelos tratamentos de lamas activadas são:

1)	*Oxidação biológica*, o efluente a depurar é colocado na presença de $O_2$ no interior de tanques com a presença de lamas activadas, compostas por conjuntos de microrganismos que entram em contacto com a matéria orgânica, degradam-na, depois assimilam-na e finalmente transformam-na em parte em energia, em parte em metabolitos simples e finalmente, em parte para gerar outras bactérias. A partir dos tanques de oxidação, é gerado um licor misto, ou seja, uma suspensão de lamas activadas e água purificada, separada na decantação final onde as lamas resultantes são devolvidas à circulação, com exceção das lamas em excesso, que são eliminadas. O excesso de lamas é definido como uma quantidade superior à concentração necessária para o processo, gerada por uma produção excessiva de lamas devido à grande quantidade de matéria orgânica digerida.

2) *Nitrificação*

$$NH_4^+ + 1,5\ O_2 \rightarrow 2\ H^+ + H_2\ O + NO_2$$

$$N\tilde{A}O_2 + 0,5\ OU_2 \rightarrow N\tilde{A}O_3$$

Nas águas residuais, os compostos de azoto estão presentes principalmente sob a forma de amoníaco (NH3) e azoto orgânico. Durante a nitrificação, teremos uma reação dependente do oxigénio com a oxidação dos compostos $NH_3$ em nitrito $NO_2$ e, finalmente, em nitrato $NO_3$ .

3) *Desnitrificação*. O azoto é desnitrificado por bactérias heterotróficas facultativas que, em anoxia, ou seja, num tanque separado da nitrificação, são capazes de utilizar o $O_2$ contido no nitrato para oxidar a matéria orgânica, provocando a libertação de $N_2$ , ou seja, a forma gasosa do azoto.

As reacções num evento de desnitrificação são:

- Reação dissimilatória: $CxHyOz + NO_3$

- $\rightarrow N_2 + CO_2 + H\ O_2$

- Reação de síntese com formação de novas bactérias: CxHyOzNk $\rightarrow$ C H$_{57}$ NO$_2$

4)      *Sedimentador*. Nesta fase temos a separação do efluente clarificado das lamas, que são espessadas e recolhidas para serem reintroduzidas no ciclo.

5)      *A filtragem através de membranas selectivas* é um processo de separação que permite outras opções de purificação (Sguoto, 2012, pp. 13-14).

# CAPÍTULO 2

## Purificar e valorizar

Ao longo do tempo, têm sido feitos cada vez mais esforços para encontrar métodos mais sustentáveis de purificação de águas residuais, como a fitodepuração, que consiste na reprodução de zonas húmidas que funcionam como habitats para animais, plantas e microrganismos, protegendo assim a biodiversidade. Esta técnica explora as propriedades químicas, físicas e biológicas das plantas e dos microrganismos para realizar uma função de purificação da água a baixo custo e em conformidade com os parâmetros legais.

Sobre este ponto, o estudo de Gammino (2019) considera a fitodepuração aplicada a áreas urbanas. O seu estudo considera a cidade de Adis Abeba (FIG. 2.1), a capital da Etiópia; considerada pelo autor como um "modelo ótimo de análise", pelas seguintes razões:

1) As estações em Adis Abeba são muito chuvosas; observamos períodos secos com pouca precipitação de outubro a fevereiro, com períodos de precipitação moderada de março a maio e precipitação forte de junho a setembro;

2) a cidade tem uma área urbana de 530 km$^2$ incluindo os subúrbios, com abastecimento de água suficiente apenas para 300 km$^2$ ;

3) o aumento do número de habitantes conduziu a dificuldades crescentes em fornecer um serviço de água potável suficiente para a população atual, cujo número continua a aumentar ao longo dos anos;

4) Todos os factores que fazem de Adis Abeba uma cidade em expansão, como o crescimento demográfico, a expansão urbana e a presença industrial maciça na zona, com as descargas industriais que lhe estão associadas, e, simultaneamente, o atraso das instalações de saneamento, afectam negativamente a qualidade das águas de superfície, que estão fortemente poluídas em resultado destes factores.

6) A única estação de tratamento de águas residuais na zona da cidade é a estação de Kaliti;

7) Em Adis Abeba, com o aumento contínuo da produção de resíduos líquidos, torna-se cada vez mais necessário implementar métodos de baixo custo para resolver este grave problema que afecta as sociedades mais pobres como a Etiópia, tentando ao mesmo tempo valorizar o território rico em recursos.

**FIGURA 2.1. Vista panorâmica de Adis Abeba**

Tendo em conta estas questões críticas, Gammino (2019, p. 68) propõe a utilização de metodologias de baixo custo e de melhoria da paisagem para reduzir a poluição em alternativa aos tratamentos tradicionais, devendo ser utilizadas as seguintes metodologias

1)      *Plantas fito-purificadoras*: A utilização de vegetação (FIGURA 2.2) é fundamental na luta contra a poluição. Podem ser escolhidos diferentes tipos de espécies, mas é preferível escolher um tipo de vegetação nativa, tanto para não criar interacções indesejáveis por parte de espécies exóticas, como porque é mais propensa a auto-sustentar-se. Uma dessas espécies pode ser a erva *Arundo donax*, uma vez que está muito presente

nas margens do rio Akaki, ou seja, o reservatório da área, e é muito eficaz

na absorção de metais pesados.

**FIGURA 2.2. Planta de fitodepuração**

2) *Método de adsorção*: através da utilização de adsorventes sólidos, como

o carvão ativado, permite uma remoção mais funcional dos contaminantes

físicos, químicos e orgânicos das águas residuais.

Seguindo Gammino (2019), vamos agora entrar em pormenor sobre a

fitodepuração. Como é sabido, este tipo de tratamento caracteriza-se pela

interação entre as águas residuais, o substrato, a vegetação e os microrganismos

(principalmente bactérias).

O papel da vegetação é crucial, uma vez que proporciona um substrato e um ambiente adequados para o crescimento microbiano e a filtração. A componente vegetação desempenha várias tarefas, tais como (Gammino, 2019):

(a) Através de sistemas radiculares e rizomas, fornece suporte para a biomassa;

(b) Retira os nutrientes diretamente da planta;

(c) Transporte e libertação de oxigénio, transportando-o dos sistemas aéreos para as raízes.

Os benefícios adicionais das plantas são a estabilização da superfície do leito através da fragmentação do fluxo de água e a redução das consequências da exposição à luz solar.

A depuração é conseguida através da cooperação de plantas e colónias de bactérias, que variam consoante as condições de funcionamento e o tipo de sistema escolhido. Nestes sistemas, ocorrem complexos processos biológicos, químicos e físicos que contribuem para a remoção dos poluentes presentes no efluente.

Em essência, como resumido por Gammino (2019), os principais eventos dentro de um processo de fitodepuração são:

a) *Sedimentação,* devido à ação combinada da rizofiltração (que consiste na adsorção, concentração e precipitação) e do escoamento lento;

(b) *adsorção* de moléculas no substrato; absorção de nutrientes e metais pesados implementada pelas plantas;

(c) *degradação* de moléculas orgânicas através do metabolismo bacteriano.

# CAPÍTULO 3

## Purificação da água: a utilização de bivalves

Como salientado por Tytla (2019), os seres humanos e as actividades que realizam libertam frequentemente elementos metálicos (EM) na natureza, o que representa uma séria preocupação ambiental. Estes MEs podem causar doenças devido à sua tendência para se bioacumularem em muitos organismos vivos, sendo altamente tóxicos para os seres humanos, mesmo em baixas concentrações. De acordo com Magni *et al.* (2015), a poluição da água devido à presença de elementos metálicos é um problema sério. Deve admitir-se que esta grave questão continua por resolver, uma vez que a remoção suficiente que poderia permitir concentrações aceitáveis nas águas receptoras está muito para além das capacidades das estações de tratamento de lamas activadas. É por isso que, para os autores, é necessário encontrar tecnologias alternativas para combater a poluição por metais, integrando novas etapas nos processos clássicos das estações de lamas activadas.

Muitos dos métodos já conhecidos, como a precipitação, a permuta iónica, a separação por membranas, a osmose inversa, a eletrodiálise e a adsorção por carvão ativado, têm custos elevados para a regeneração das resinas ou do carvão ativado e/ou para a eliminação de lamas ou concentrados químicos (Tytla, 2019).

De acordo com Magni *et al.* (2015), a bioabsorção e a bioacumulação são os métodos mais económicos para a remoção de *ME*.

*A bioabsorção* é "a absorção passiva de poluentes de uma solução aquosa por uma biomassa microbiana morta ou em crescimento". Os autores assinalam, no entanto, algumas limitações deste tratamento: "Embora tenha a vantagem de não ser afetado pela toxicidade dos poluentes, a saturação da biomassa ocorre num curto espaço de tempo, o que constitui um obstáculo para enveredar por esta via de forma prática".

*A bioacumulação por microrganismos*, plantas e outros organismos superiores foi considerada um sistema muito eficaz, utilizando tanto a biomassa *microbiana* como *macrófitas* como *Phragmites australis*, *Eichhornia crassipes* e *Lemna spp.* em talhadia. Em particular, a bioacumulação perpetrada por microrganismos que habitam os tecidos das macrófitas aquáticas está correlacionada com a remoção de *EM* em zonas húmidas construídas. Este método tem limitações, uma vez que remove parte da matéria orgânica e dos nutrientes das águas residuais.

Com base na experiência anterior, foi efectuada investigação para encontrar melhores soluções que não apresentem os problemas e limitações acima descritos. Foram dados numerosos passos nesta direção.

Entre as descobertas mais interessantes está a pesquisa de Ledda *et al.* (2014), que observam como e em que medida os criadores de esponjas mediterrânicas *Ircinia variabilis* e *Agelas oroides* podem remover certos contaminantes da água do mar.

Outra vertente de investigação leva à utilização de outros organismos filtradores como o mexilhão-zebra, como salientam Magni *et al.* (2015, p. 916), neste contexto o mexilhão-zebra é um organismo perfeitamente funcional para esta tarefa de depuração de águas residuais, sendo as características mais vantajosas deste molusco de água doce:

- a elevada filtragem que lhe permite filtrar até 4 litros de água por hora por bivalve;

- uma elevada densidade populacional, com mais de 700 000 indivíduos por metro quadrado.

Além disso, o mexilhão-zebra é capaz de produzir material fecal, como fezes e pseudofezes, que podem adsorver numerosos poluentes. Os produtos fecais da *D. polymorpha*, ao sedimentarem, podem remover poluentes dos efluentes, e um estudo efectuado por Piesik (1983) mostrou que *a D. polymorpha é capaz de* remover nutrientes de águas eutróficas, e investigações posteriores (Richter, 1986) mostraram a capacidade da *D. polymorpha* (FIG. 3.1) para reduzir a presença de algas por metro quadrado.

**FIGURA 3.1. Secção transversal de *Dreissena polymorpha***

Por outro lado, Binelli *et al.* (2014) confirmaram que este bivalve também é capaz de remover contaminantes como drogas e drogas de abuso das águas residuais.

Segundo Magni *et al* (2015), *a D. polymorpha* deve ser considerada uma espécie exótica altamente invasora em toda a Europa e nos Estados Unidos, capaz de afetar fortemente o ecossistema em que se encontra. Apesar disso, a ideia de utilizar este bivalve invasor para fins antropogénicos (biofiltração, nutrição humana, alimentação animal, fertilizantes e biogás) é uma via inovadora e muito estudada.

Magni *et al.* (2015) observaram a capacidade deste molusco como um novo método biológico integrado como o último passo de uma instalação de lamas activadas. Por isso, construíram na ETAR piloto de Milão-Nosedo (Norte de Itália), na qual foram integradas 40.000 *D. polymorpha com o* objetivo de avaliar a eficácia através da filtração na redução de ME, como o Alumínio (Al), Crómio (Cr), Cobre (Cu), Ferro (Fe), Manganês (Mn), Níquel (Ni) e Chumbo (Pb).

Os resultados obtidos com este estudo de Magni *et al.*(2015) são agora apresentados:

1) Instalação da unidade piloto. Na fábrica de lamas activadas de Milão-Nosedovo, foram importados 40.000 mexilhões-zebra, que foram colocados em painéis de Plexiglas, aos quais aderiram com os seus bíceps, e dispostos em ziguezague, de modo a aumentar a superfície e o tempo de contacto com o efluente. Os painéis são então colocados num tanque feito de aço inoxidável com um volume de aproximadamente 1000 L.

2) *Capacidade da unidade piloto.* A unidade capta o efluente do canal entre os tanques de sedimentação e os filtros de areia da unidade de lamas activadas de Nosedo através de uma bomba submersível (0-5000 L/h). O local de instalação da unidade piloto proporciona um caudal de saída mais claro, de modo a que as guelras da zebra co zza não sejam obstruídas por sólidos em suspensão.

*3) Testes preliminares de avaliação do potencial de filtração de D. polymorpha.* Foram discutidos os seguintes tópicos: (a) a adaptação da *D. polymorpha* a efluentes; (b) a estimativa da eficiência de filtração da *D. polymorpha*; e (c) a análise da capacidade da *D. polymorpha* na remoção de novas classes de poluentes ambientais.

*4) Conceção experimental e recolha de amostras De forma a* desenvolver um estudo completo, avaliamos a ação filtrante da *D. polymorpha* tentando excluir da experiência qualquer processo de sedimentação que pudesse reduzir a quantidade de metais nas partículas. Para avaliar esta capacidade, foram testadas diferentes misturas de efluentes obtidos a partir de filtros milimétricos, que excluíam as partículas maiores e deixavam passar partículas da ordem dos 15-40 microns de diâmetro, partículas com as quais o bivalve normalmente se alimenta. As misturas utilizadas nos ensaios, para além do caudal de saída a 100%, ou seja, um caudal completamente filtrado que já passou por todo o processo de depuração, são as seguintes: 25% entrada / 75% saída, 50% entrada / 50% saída e 100% entrada, ou seja, água que não passou pela estação de lamas activadas e que, portanto, necessita de partículas grosseiras. *Os* dados sobre a remoção de ME das águas residuais foram obtidos através da medição das concentrações nas amostras de efluentes após o tratamento com bivalves.

*-Resultados e discussão propostos pelos autores.* Eles avaliaram as possibilidades de redução de *EM no* efluente devido à ação filtrante realizada pela *D. polymorpha.* Os resultados obtidos nos testes realizados com uma mistura de 25% de entrada e 75% de saída mostraram que *a D. polymorpha* possui excelente capacidade de filtragem em condições de baixa concentração de sólidos suspensos.

De facto, em comparação com as amostras de controlo, estes autores verificaram uma diminuição significativa da *EM,* estimando que a ação de filtragem perpetuada pelo mexilhão-zebra era evidente, uma vez que as diferenças entre as taxas de remoção com e sem bivalves na instalação piloto foram estatisticamente significativas: Al ( $F = 36.809$, $p < 0,01$ ); Fe ( $F = 62,686$, $p < 0,01$); Mn ( $F = 125,452$, $p < 0,01$); Ni ( $F = 5,695$, $p < 0,05$); Pb ( $F = 16,645$, $p < 0,01$); Cu ( $F = 6,220$, $p < 0,05$).

Observaram que a diferença tangível entre as taxas de remoção calculadas no final dos testes foi que a taxa de remoção foi de 30% para Fe e Pb, enquanto que para Al, Ni e Mn a taxa de remoção foi aproximadamente 20-25% mais elevada do que nos testes de controlo. Considerando que a duração dos ensaios foi de 4 h, o mexilhão-zebra teve uma contribuição muito importante e significativa nos MEs testados, uma exceção que ocorreu nestas circunstâncias e condições experimentais diz respeito aos níveis de remoção relacionados com o Cu, que foi

8% superior à sedimentação natural. Os ensaios com uma mistura em equilíbrio percentual, ou seja, 50% de entrada para a saída da central de lamas activadas, mostraram resultados diferentes dos obtidos com a mistura anterior que era mais pobre em partículas em suspensão, o que provavelmente foi responsável por provocar uma condição de stress nos bivalves que não lhes permitiu realizar uma filtração eficiente como na mistura anterior, tendo novamente em conta o tempo de 4 h para iniciar o processo de filtração, não se pode obviamente ter a certeza de que a redução da atividade de filtração não se deve a uma maior presença de compostos tóxicos no efluente que possam ter interferido na filtração. Embora tais processos de interferência sejam possíveis, os autores encontraram diferenças estatisticamente significativas entre os testes realizados com os bivalves na instalação piloto e os respectivos controlos para o Al ( $F = 68.587, p < 0,01$), Mn ( $F = 38,710$, $p < 0,01$), Pb ( $F = 26,183$, $p < 0,01$), Cu ( $F = 22,861$, $p < 0,01$) e Cr ( $F = 4,729$, $p < 0,01$). No final do teste, a remoção foi de cerca de 20-25%, comparável aos resultados obtidos para a mistura de 25% de entrada / 75% de saída para Al, Mn, Pb e Cu, enquanto o resultado diminuiu muito para outros metais.

Em ambos os ensaios, considerados pelos autores, ou seja, com misturas de 25% entrada / 75% saída e 50% entrada / 50% saída, foram observados valores de sedimentação negativos, na faixa de -5 e -10%; no entanto, existe a possibilidade de que esse fator se deva à mudança no coeficiente de variação que se altera com a variação na metodologia utilizada para a quantificação dos metais presentes no efluente. Excluindo as variações na quantificação de Ni, Mn e Pb, verificou-se a sedimentação nula destes metais, provavelmente ligada ao facto de estes metais, embora dissolvidos no efluente, não se ligarem ao particulado. Portanto, de acordo com este estudo, o processo de remoção de Mn e Pb observado realizado por *D. polymorpha* poderia estar associado principalmente à bioacumulação. (Magni *et al.*, 2015).

De acordo com os autores, ainda há um longo caminho a percorrer até que o fenómeno seja totalmente compreendido e encorajam a continuação do estudo e investigação do tópico acima mencionado. Entretanto, podemos acrescentar que as instalações de lamas activadas mantêm o pH do efluente constante durante o processo de depuração, pelo que é de excluir que uma variação deste último possa afetar a capacidade filtrante do mexilhão zebra, na sua atividade de depuração do efluente de *ME,* nem a possibilidade de especiação de metais devido a variações de pH (Calmano *et al.*, 1993). Realizando o teste com 100% de entrada, houve uma grande queda na capacidade de filtragem dos bivalves e a morte da maioria dos espécimes. Conforme apontado por Magni *et al* . (2015), o resultado obtido nos mostra como uma condição de excesso de particulado em suspensão e a possível presença de substâncias tóxicas agregadas a ele são prejudiciais ao processo de depuração *da EM* e também são prejudiciais à vida do próprio bivalve devido à alta mortalidade encontrada no tanque. Em todo o caso, segundo estes autores, este aspeto não limita a possibilidade de utilização do método descrito, bastando para tal controlar o nível de partículas presentes nas águas residuais.

Além disso (Magni *et al.*, 2015), apesar da concentração de matéria em suspensão ser uma limitação da *D. polymorpha* na sua capacidade de filtragem, o bivalve dentro dos testes efectuados conseguiu ainda assim uma remoção eficaz de outros poluentes do efluente, como os fármacos. O mexilhão-zebra revelou-se um molusco muito resistente à natureza do que filtra, facto que foi bem evidenciado ao longo da experiência. Salienta-se que estes resultados de biofiltração foram obtidos a partir de tempos de contacto entre o efluente e o mexilhão zebra de 4 horas, em tempos de contacto superiores como 24 horas, os resultados foram superiores considerando condições de poucas partículas presentes (Magni *et al.*, 2015, p. 920).

Em conclusão, este estudo de Magni *et al.* (2015) , aqui resumido, mostra que *a D. polymorpha* é eficaz na remoção de contaminantes de águas residuais quando estas já foram tratadas para reduzir a quantidade de sólidos suspensos. Mais uma vez, sugere-se que este estudo seja mais investigado, utilizando o mexilhão-zebra como último passo das estações de lamas activadas, e utilizando-o e testando-o noutros tipos de estações de menor impacto. Além disso, em estudos futuros, segundo os autores, seria interessante estudar como *as MEs são* removidas e observar como elas se acumulam nos tecidos moles, pseudofezes e fezes.

# CAPÍTULO 4

## Vantagens da utilização de sistemas integrados

À luz do que vimos nos capítulos anteriores, é legítimo perguntar quais são as vantagens de integrar os vários modelos de purificação para obter um produto purificado de melhor qualidade.

Para verificar as vantagens da utilização de diferentes métodos de depuração na mesma instalação, remetemos para o estudo de Wang *et al.* (2010) . Consideramos uma cultura de algas verdes *Chlorella* colocada em águas residuais recolhidas em quatro pontos diferentes do fluxo num procedimento em que são tratadas águas residuais de uma estação de lamas activadas, e como o crescimento da massa algal, devido à utilização de poluentes como nutrientes por esta alga verde (excluindo iões), dá uma contribuição na remoção de azoto, fósforo, CQO e iões metálicos das águas residuais.

Há quatro tipos de águas residuais testadas e todas elas fazem parte da mesma instalação. Nesta experiência, observamos águas residuais de diferentes fases do tratamento de águas residuais, tais como a sedimentação primária que representa a água residual número 1, a água residual após a decantação primária que corresponde à água residual número 2, a água residual após a ativação do tanque de lamas atribuída ao número 3 e, finalmente, a água residual atribuída ao número 4 que corresponde à água residual gerada na centrífuga de lamas. As taxas médias de crescimento específico durante o período foram de 0,412, 0,429, 0,343 e 0,948 dias para as águas residuais número 1, número 2, número 3 e número 4.

Os resultados na remoção de compostos $NH_4^+$ -N foram de 82,4%, 74,7% e 78,3% para os efluentes números 1, 2 e 4. Para o efluente número 3, 62,5% do $NO_3$ - N, a principal forma de azoto inorgânico, foi removido com 6,3 vezes de $NO_2$ -N produzido. Dos efluentes números 1, 2 e 4, 83,2%. 90,6% e 85,6% de fósforo e 50,9%, 56,5% e 83,0% de CQO foram eliminados. Apenas 4,7% foi eliminado no efluente número 3, sendo que a DQO deste efluente aumentou ligeiramente em função do crescimento da massa algal, possivelmente devido à excreção de pequenas moléculas orgânicas fotossintéticas das algas. Os autores observaram excelentes níveis na remoção de iões metálicos como o Alumínio, Cálcio, Ferro, Manganês e Magnésio das lamas, com níveis de remoção que variaram entre 56,5% e 100%. Uma das vantagens substanciais das microalgas é que têm uma grande área de superfície de contacto com o efluente e também possuem uma elevada afinidade de ligação que lhes permite ser excelentes na remoção de ME do efluente mais do que outras espécies de plantas. Estas capacidades fazem delas um elemento de purificação eficiente para ser integrado numa cadeia de purificação, como uma instalação de lamas activadas.

Também é interessante o aumento da biomassa, que abre novas possibilidades de utilização da biomassa para a produção de energia, que poderia ser utilizada para alimentar a própria central, incentivando o desenvolvimento de processos energética e economicamente circulares.

# CONCLUSÕES

Este estudo mostra que a depuração das águas residuais é um domínio diversificado e complexo, sobre o qual se concentram muitas investigações. Existem numerosos parâmetros e obrigações legislativas que representam um ponto de referência para a clarificação, mas não determinam um ótimo insuperável. Através destes estudos, procura-se baixar cada vez mais este referencial, entendido como o ótimo fixado pelos parâmetros legislativos, de modo a tornar as leis futuras ainda mais exigentes e protectoras de um bem tão precioso como a água.

Relativamente à redução de custos referida na introdução, não é possível quantificar com exatidão a poupança que resultaria da adoção de um método em detrimento de outro, mas, olhando para a estruturação destes procedimentos, em nossa opinião, é possível afirmar que a utilização de sistemas biológicos integrados resultaria certamente em menores gastos, já considerando os materiais utilizados.

No que diz respeito à parte técnica desta investigação e aos estudos nela citados, constatamos que, na medida em que os métodos clássicos de depuração se enquadram nas obrigações e nos parâmetros acima referidos, é possível combiná-los ou substituí-los por métodos de baixo custo e de menor impacto ambiental, a fim de melhorar a qualidade do efluente depurado. Analisando as novas propostas, verificamos uma vantagem considerável em termos de custos e de impacto ambiental. Reduzir as lamas e tornar o tratamento das águas residuais acessível aos países em desenvolvimento são objectivos primordiais. O aumento dos recursos hídricos disponíveis para a população e para as atividades humanas pode ser alcançado pela combinação de estações de tratamento de esgoto clássicas e de fitodepuração, como em Addis Abeba, como mostra o estudo de Gammino (2019). Nessas estações, a purificação ocorre por meio de processos químicos e físicos.

Na sequência da investigação de Magni *et al.* (2015), foram identificados processos destinados a remover um único tipo de poluente, como os metais pesados, através da introdução de grandes quantidades de *D. polymorpha em* tanques especiais, como foi o caso da estação de tratamento de águas residuais de Milão-Nosedo.

O estudo apresentado conduziu a resultados positivos no que diz respeito à adsorção de metais, mas também salientou preocupações relativamente à alteração do habitat de onde os moluscos são retirados, particularmente no caso de transferência para um novo habitat, como um rio.

A alteração da biodiversidade e da cadeia alimentar devido à introdução maciça de uma espécie exótica pode desestabilizar o novo habitat em que é introduzida. Por isso, a sua inclusão em contextos que visam a reconstrução de habitats naturais, como as instalações de fitopurificação e as que utilizam algas para a depuração de águas residuais, deve ser cuidadosamente considerada. Este facto foi demonstrado no estudo de Wang *et al.* (2010) sobre a possibilidade e a eficácia da integração de diferentes sistemas de depuração. Nesse estudo, vimos como a absorção de poluentes pelos tecidos das algas pode melhorar a qualidade de um efluente tratado numa estação de tratamento de águas residuais convencional, sem produtos residuais adicionais e a baixo custo; uma vez que a maior parte dos poluentes absorvidos actua como alimento para as algas, tornando este sistema sustentável. A massa de algas pode, de facto, ser utilizada para a produção de biogás, desde que exista uma instalação adequada para esse processamento anexada à estação. Isto tornaria todo o processo circular, reduzindo os parâmetros legislativos da avaliação do ciclo de vida e criando a base para uma indústria de tratamento de águas residuais 2.0, na qual os parâmetros de qualidade e sustentabilidade do tratamento de águas residuais representam um novo padrão para alcançar um "ciclo da água" mais ecológico (Zieritz *et al.* 2022).

Em conclusão, a purificação das águas residuais pode ser vista como uma solução para os problemas ambientais globais, especialmente em contextos onde o acesso à água potável é limitado ou inexistente. A integração de diferentes métodos de purificação, como a fitodepuração e a utilização de algas, pode aumentar a eficácia e a sustentabilidade dos sistemas de purificação, reduzindo os custos e o impacte ambiental. A investigação sobre este tema deve também ser incentivada, não só no domínio da purificação, mas também na procura das causas da poluição, a fim de proporcionar uma solução mais duradoura para os problemas de qualidade da água.

# REFERÊNCIAS BIBLIOGRÁFICAS

Binelli, A., Magni, S., Soave, C., Marazzi, F., Zuccato, E., Castiglioni, S., Mezzanotte, V. (2014). O processo de biofiltração pelo bivalve D. polymorpha para a remoção de alguns produtos farmacêuticos e drogas de abuso de águas residuais civis. *Engenharia Ecológica*, *71*, 710-721.

Calmano, W., Hong, J., Förstner, U. (1993). Ligação e mobilização de metais pesados em sedimentos contaminados afectados pelo pH e pelo potencial redox. *Ciência e tecnologia da água*, *28*(8-9), 223-235.

Cirelli, G. L., March, A. (2014). Eficiência de remoção e benefícios ambientais de sistemas de fitodepuração para tratamento de águas residuais urbanas. *Boletim da Academia Gioenia de Ciências Naturais de Catânia*, *47*(377/SFE), SFE103-SFE106.

Decreto legislativo (2006, 3 de abril, n.º 152). *Regulamentação ambiental*. JO Série Geral n.º 88 de 14-04-2006 - Suplemento Ordinário n.º 96

Gammino, F. S. (2019). *Análise dos recursos hídricos na Etiópia, estudo de caso da zona húmida construída (Addis Abeba)* (Dissertação de doutoramento, Politecnico di Torino).

Kalboussi, N., Biard, Y., Pradeleix, L., Rapaport, A., Sinfort, C., Ait-Mouheb, N. (2022). Avaliação do ciclo de vida como ferramenta de apoio à decisão para a reutilização da água na irrigação agrícola. *Science of the Total Environment*, *836*, 155486.

Ledda, F. D., Pronzato, R., Manconi, R. (2014). Maricultura para remoção de resíduos bacterianos e orgânicos: um estudo de campo da atividade de filtragem de esponjas em cultivo experimental. *Aquaculture Research*, *45*(8), 1389-1401.

Magni, S., Parolini, M., Soave, C., Marazzi, F., Mezzanotte, V., Binelli, A. (2015). Remoção de elementos metálicos de águas residuais reais usando o processo de bio-filtração de mexilhão zebra. *Jornal de Engenharia Química Ambiental*, *3*(2), 915-921.

Piesik Z. (1983). Biology of *Dreissena polymorpha* (Pall.) settling on stylon nets and the role of this mollusc in removing the seston and the nutrients from the watercourse, *Polskie Archiwum Hydrobiologii/Polish Archives of Hydrobiology*, 30, 353-361

Richter, A. F. (1986). Biomanipulação e sua viabilidade para a gestão da qualidade da água em massas de água eutróficas pouco profundas nos Países Baixos. *Boletim Hidrobiológico*, *20*(1-2), 165-172.

Sguoto, N. (2012). *Planta de membrana biológica para purificação e reutilização de águas residuais.* Universidade de Pádua

Taglialatela, G., Parolini, V. (2010) . *Sistemas de tratamento para a recuperação de águas residuais. ACV como metodologia de comparação.* Politécnico de Milão

Tytła M. (2019). Avaliação da poluição por metais pesados e potencial risco ecológico nas lamas de esgoto da estação de tratamento de águas residuais municipais localizada na região mais industrializada da Polónia - estudo de caso. *Revista internacional de investigação ambiental e saúde pública, 16*(13), 2430.

Wang, L., Min, M., Li, Y., Chen, P., Chen, Y., Liu, Y., Wang, Y., Ruan, R. (2010). Cultivo de algas verdes Chlorella sp. em diferentes águas residuais da estação de tratamento de águas residuais municipais. *Bioquímica Aplicada e Biotecnologia, 162*(4), 1174-1186.

Zieritz, A., Sousa, R., Aldridge, D. C., Douda, K., Esteves, E., Ferreira-Rodríguez, N., Mageory J. H., Nizzoli D., Osterling M., Reis J., Riccardi N., Daill D., Gumpinger C., Vaz, A. S. (2022). Uma síntese global dos serviços ecossistémicos prestados e interrompidos por moluscos bivalves de água doce. *Biological Reviews, 97*(5), 1967-1998.

# OBRIGADO

Gostaria de agradecer ao Prof. Massimiliano Scalici pelas suas valiosas sugestões na versão anterior (dissertação) do meu trabalho. No entanto, sou o único responsável por quaisquer erros ou omissões.

# yes I want morebooks!

Buy your books fast and straightforward online - at one of world's fastest growing online book stores! Environmentally sound due to Print-on-Demand technologies.

Buy your books online at
**www.morebooks.shop**

Compre os seus livros mais rápido e diretamente na internet, em uma das livrarias on-line com o maior crescimento no mundo! Produção que protege o meio ambiente através das tecnologias de impressão sob demanda.

Compre os seus livros on-line em
**www.morebooks.shop**